Margot Scheffold

Tierärztin Tilly Tierlieb

Rennmaus Speedy

Illustriert von Dorothea Tust

BAUMHAUS VERLAG

Alle Angaben in diesem Buch sind sorgfältig geprüft und erfolgen nach bestem Wissen und Gewissen. Sorgfalt bei der Umsetzung ist dennoch geboten, und jeder Anwender muss selbst prüfen, ob die Angaben nicht durch neuere Kenntnisse überholt sind. Dazu gehört z.B. im Zweifelsfall einen Tierarzt zu konsultieren, Beipackzettel zu Medikamenten zu lesen und Gebrauchsanweisungen zu befolgen. Der Verlag und die Autoren übernehmen keinerlei Haftung für Personen-, Sach- oder Vermögensschäden, die aus der unsachgemäßen Anwendung der vorgestellten Materialien und Methoden entstehen könnten.

Wir danken Dr. med. vet. Kristian Faulstroh
von der Tierärztlichen Klinik Dr. Eichhorn & Dr. Faulstroh
für seine fachliche Beratung.

Lektorat: Sigrid Vieth / Gabi Strobel
Umschlag: Jutta Hohl-Wolf
Satz und Lithos: Helmut Schaffer

ISBN 978-3-8339-3607-4

Gesamtverzeichnis schickt gern: Baumhaus Verlag,
Juliusstraße 12, 60487 Frankfurt am Main
http://www.baumhaus-verlag.de

5 4 3 2 1 07 08 09 10 2011

Tilly Tierlieb

ist Tierärztin und heißt eigentlich Dr. Ottilie Mann. Schon als kleines Mädchen hat sie ihren Spitznamen „Tilly Tierlieb“ erhalten. Kein Wunder: Sie hat Tiere schon immer geliebt.

Frau Förster

ist die Mutter von Sina und Max und genießt es, am Stadtrand zu leben: Im Grünen und doch nah bei der Stadt. Als Kind hat sie gern mit Katzen gespielt.

Herr Förster

ist der Vater von Sina und Max und freut sich immer über einen Grund zum Basteln. Er baut alles: eine Puppenwiege, einen Kaufladen und natürlich auch eine Hasenburg für Schnuffi!

Inhalt

Lausch-Alarm

„Wie bitte?!“, ruft die Tierärztin und zuckt zurück. „Das ist ja wirklich kriminell!“ Aus zwanzig Zentimetern Entfernung fixiert sie den Telefonhörer in ihrer linken Hand, als sei er nicht bei Trost. Dann legt sie ihn sich erneut ans Ohr und fragt mit zusammengezogenen Brauen: „Wann war das denn?“ „Das kann doch wohl nicht wahr sein!“, ruft sie kurz darauf und schlägt mit der flachen Rechten den Takt der Empörung auf ihren Schreibtisch. „Durch einen Tunnel?!“

Sina, Lenni und Max sehen sich an. Eigentlich waren die drei Tierfreunde gerade am Gehen. Die Tiersprechstunde bei

Dr. Ottilie Mann ist beendet und es gibt nichts mehr zu sehen. Stattdessen will Tilly Tierlieb, wie sie die Tierärztin nennen, noch ein bisschen „Bürokram“ erledigen. Ihrem Junior-Team hat sie dasselbe empfohlen. „Hausaufgaben machen, meinst du wohl“, hat Maxi gemault. „Von wegen: Bürokram!“

Trotzdem macht er sich daran, in seine Jacke zu schlüpfen. Um fünf Uhr will Herr Förster die Kinder abholen. Sina und Max sollen mit ihrem Vater nach Hause fahren. Ihren Freund Lenni wollen sie vorher noch zu seiner Mutter bringen, die in der Nähe der Tierpraxis wohnt. Jetzt allerdings hat keines der Kinder mehr Lust zu gehen.

„Wann ist es denn passiert?“, fragt Tilly gerade ins Telefon.

„Nicht zu fassen“, schüttelt sie dann den Kopf. „Und wie viele waren zu dem Zeitpunkt in dem Haus?“
In diesem Moment hören die Kinder Herrn Försters Stimme im Vorzimmer. Er unterhält sich mit Carola, der Sprechstunden-

hilfe der Tierärztin. Dann klopft es an der Tür zum Sprechzimmer.

Sina wirft Lenni einen Hilfe suchenden Blick zu. Der zuckt die Schultern und verdreht die Augen. Doch Maxi reagiert sofort: Blitzartig kauert er sich auf den Boden und reißt mit einem einzigen Ruck die Schnürung seiner Sneakers auf.
Als Herr Förster das Zimmer betritt, stehen

Sina und Lenni abmarschbereit vor ihm. Nur Max beugt sich über seinen linken Schuh und bindet im Zeitlupentempo eine wunderschöne, gleichmäßige Schleife.

Tilly ist immer noch am Telefon. Sie blickt nur kurz auf und winkt Herrn Förster zu. Dann konzentriert sie sich erneut auf ihr Gespräch.
„Und wie geht es ihnen jetzt?“, fragt sie gerade besorgt.

Maxi arbeitet jetzt an seiner rechten Schleife.
Hingebungsvoll misst er die beiden Enden des Schnürsenkels aneinander ab und zieht das kürzere Stück so weit durch die Ösen, dass er eine perfekte, tiptop weihnachtsgeschenkboxmäßige Sonntagsschleife binden kann.

„Um Gottes willen!“, tönt es über ihm vom Schreibtisch. Die Tierärztin klingt jetzt wirklich bestürzt. „Auch das noch! Für die Kleinen ist das doch doppelt schlimm!“

Maxi duckt sich unter ihrem Ausruf weg, aber er spitzt die Ohren. Doch leider ist alles, was er zu hören bekommt, die Stimme seines Vaters, der sich über ihn beugt. „Komm schon, Kumpel“, sagt er und knufft Maxi in die Schulter. „Du siehst doch, dass eure Freundin zu tun hat.“

Dann schiebt Herr Förster seinen widerstrebenden Sohn aus dem Tiersprechzimmer.

Achtung, Einbrecher!

„Oh Mann, oh Mann“, mault Maxi und schüttelt die Hand seines Vaters ab, die noch immer mit sanftem Druck auf seiner Schulter liegt. „Mensch, Papa – die Aktion war echt daneben!“
Auch Sina verzieht das Gesicht. Sogar Lenni wirkt ein bisschen genervt, obwohl er den Vater seiner Freunde niemals kritisieren würde.
Maxi hat da keine Hemmungen. „Oh Mann!!!“, ruft er nochmals und stampft dabei auf. „So eine blödeblöde Aktion!“

Paps wird allmählich ungehalten. „Hey, hey“, sagt er und packt Max an der Schulter. „Immer mit der Ruhe, o. k.?“

Dann sieht er Maxi eine ganze Weile stumm ins Gesicht. Der starrt zurück – mit aufgeblasenen Backen und zusammengezogenen Augenbrauen.
Bei diesem Anblick kann Paps fast nicht mehr ernst bleiben. Unaufhaltsam wandern seine Mundwinkel in Richtung Ohren, obwohl er krampfhaft versucht, streng auszusehen.

„Also“, sagt er nach einem endlosen Augenblick des Kräftemessens und sieht nacheinander alle drei an. „Jetzt will ich wissen, was ihr für ein Problem habt. Ich hole euch wie besprochen Punkt fünf Uhr ab, und ihr führt euch auf, als hätte ich euch eine Geburtstagsparty verdorben. Was geht hier eigentlich ab?“

„Oh Mann!“, schreit Max statt einer Antwort und verdreht die Augen. „Das gibt’s doch nicht! Ich pack es nicht!“
„Hör mal, Papi“, legt Sina los. „Ich erklär’s dir.“ Als dann auch noch Lenni beteuert: „Das ist nämlich wichtig und echt gefährlich und ...“, hält Herr Förster sich die Ohren zu. Dann zeigt er zur Eingangstür. „Ins Auto“, sagt er. „Ich bin müde, genervt und hungrig. Ich hab einen anstrengenden Tag hinter mir und will nach Hause.

Steigt *bitte* ins Auto, damit wir loskommen. Unterwegs erzählt ihr mir dann eure Abenteuergeschichte, o. k.?“

Mit einem schnellen Seitenblick verständigt sich das Trio: Wenn Paps *so* klingt, dann ist Schluss mit lustig. Sie traben aus der Praxis und steigen in den Kombi, dessen Türen Herr Förster per Fernbedienung geöffnet hat.

Sina schlüpft auf den Beifahrersitz. Sofort dreht sie sich zu den beiden Jungs um, die auf der Rückbank eifrig tuscheln.

„Wir müssen Tilly anrufen, sobald wir zu Hause sind“, drängt sie. „Vielleicht erzählt sie uns mehr.“

Maxi schnaubt und verdreht die Augen. Dann beugt er sich nach vorne und mault seinen Vater an, der gerade den Motor anlässt. „Ehrlich Daddy“, tönt er, „das kommt, weil du *nie* richtig zuhörst!“ Jetzt klingt er wie seine Mutter, wenn sie mit ihm selbst spricht. „Tilly hat ein wahnsinnig wichtiges Telefonat. Es geht um Leben und Tod – aber du? Nööö, wir gehen nach Hause!“

„Ehrlich, Papi", assistiert Sina. „Jemand hat Tilly vor einem Verbrecher gewarnt. Sie war ganz schön erschrocken."

Herr Förster sieht zweifelnd von einem zum andern. Erst als Lenni die Nachricht bestätigt, beginnt er seinen Kindern zu glauben.

„Echt, Herr Förster, Ehrenwort", sagt der große Junge mit den braunen Locken und sieht treuherzig in den Rückspiegel, aus dem ihm Herrn Försters Augen prüfend entgegenblicken. „Der hat sich einen Tunnel gegraben und …"

„Ein Ausbrecher?", ruft Herr Förster. „Aus dem Gefängnis?"
„Nee", erwidert Lenni nachdenklich. „Ich würde eher sagen: ein Einbrecher."

Rififi-Methoden

Abrupt hält Herr Förster den Wagen an. „Uuups!“, macht Maxi, als er bei der Bremsung nach vorne knickt. Im Eifer der Erzählung hat keiner gemerkt, dass sie schon vor dem Appartementblock stehen, in dem Lenni mit seiner Mutter wohnt. Umso schneller versuchen die drei, Herrn Förster den Kriminalfall zu schildern. In all dem Durcheinander kann er kaum den Überblick behalten.

„Hmm“, brummt er schließlich und kratzt sich am Kopf. „Das klingt ja abenteuerlich. Da buddelt jemand einen Tunnel und dringt in ein Haus ein, in dem auch noch Leute sind – mit Kindern! Was ist denn

das für eine Räubergeschichte?"
„Eine Bankräubergeschichte, würde ich sagen", meint Sina schnippisch. „Ist doch wohl klar!"

„Aber wenn da Leute mit Kindern sind, hätte er es einfacher haben können", überlegt Lenni. „Einfach reingehen und sagen: Keine Polizei oder ich schieße."

„Wenn er überhaupt eine Pistole hat", kräht Max. „Vielleicht hat er gar nicht damit gerechnet, dass jemand drin ist. Vielleicht wollte er nachts rein. Und dann war der Boden so hart, dass er mit dem Tunnel länger gebraucht hat als geplant, und dann war die Bank schon geöffnet, als er aus dem Loch kam, und dann …"
Sein Vater unterbricht ihn: „Und dann geht's erst mal heim zum Abendessen.

Und dann kommen wir alle zur Ruhe, und *dann* rufe ich mal bei eurer Tierdoktorin an und frage, was los ist. Aber erst will ich zu Abend essen. O. k.?“

Jetzt kann es den drei Hobbydetektiven gar nicht schnell genug gehen. Lenni springt aus dem Wagen, ruft: „Ihr gebt mir sofort Bescheid, klar?“, und winkt, denn die drei Försters rasen nach einem echten Formel-1-Start davon.

„Hey Paps", stichelt Maxi und grinst seinen Vater schelmisch an. „Ich glaube, du hast gar keinen Hunger, sondern bist jetzt selbst neugierig geworden."
Herr Förster sagt gar nichts, aber kaum dass er auf der Stadtautobahn ist, tritt er das Gaspedal durch. So schnell haben Sina und Max den Weg von der Wohnung ihres Freundes bis zu ihrem Haus noch nie zurückgelegt.
„Streckenrekord!", flüstert Max seiner Schwester zu, als sie direkt vor ihrem Gartentor aus dem Auto klettern.
Ihr Vater hört gar nicht hin.
Ganz in Gedanken brummt er vor sich hin: „Das sind ja Rififi-Methoden! Das ist ja das Allerletzte! Das reinste Rififi!"
Sina und Maxi wundern sich, aber sie fragen nicht nach. Nur keine unnötigen Komplikationen!

„Erst mal Abendessen“, raunt Sina ihrem Bruder zu. „Wenn Papa was im Magen hat, wird er wieder ansprechbar.“

Bei Tisch klärt sich gleich das erste Geheimnis. „Rififi“, erklärt Frau Förster den Kindern, als ihr Mann immer weiter dasselbe brummt, „hieß ein Film, in dem es um einen Juwelendiebstahl ging. Die Räuber waren durch einen Tunnel an ihre Beute herangekommen. Seitdem heißen solche Nacht- und Nebelmethoden wie der Film: Rififi.“

„Und wer hier was gestohlen hat und wen er dabei bedroht – das wissen wir gleich“, verspricht Paps. „Macht mal das Radio an. Wenn Unschuldige betroffen sind, kommt das bestimmt in den Nachrichten.“

Auf zum Tatort!

Zehn Minuten später kann Paps kaum noch still sitzen. „Das kann doch nicht wahr sein!“, ruft er und stürmt ins Arbeitszimmer. „Geld, Geld, Geld! Steuererhöhungen, Gesundheitsreform – und ein Politiker, der sich was in die eigene Tasche steckt. Aber wenn ein Irrer ein paar Kinder gefangen hält, dann ist das keine Nachricht wert! Wo leben wir hier eigentlich?“

Aufgeregt greift er zum Telefonhörer und tippt hastig eine Nummer. „Ja, hallo, Förster hier“, meldet er sich. „Entschuldigen Sie die Störung, aber ich habe da etwas mitbekommen, als ich bei Ihnen war …“

Dann fällt die Tür ins Schloss und in der Küche hört man gar nichts mehr. Sina und Maxi springen von den Stühlen und rasen zum Büro. Doch trotz aller gemeinsamen Kraftanstrengung gelingt es ihnen nicht, die Tür aufzudrücken. Anscheinend lehnt Papa von innen dagegen.

Als er endlich herauskommt, blitzen seine Augen. Auf die stürmischen Fragen von Max und Sina reagiert er nicht. Stattdessen sagt er: „Holt eure Jacken, wir fahren noch mal los.“ Nur Mama flüstert er etwas ins Ohr, während die Kinder sich anziehen. So bekommen sie gar nicht mit, dass Mama sich die Hand vor den Mund schlägt, um nicht laut zu lachen.

Erst als sie im Wagen sitzen, fragt Maxi: „Sag schon, Papa: wo fahren wir hin?“ „Zu eurer Freundin Tilly“, antwortet Herr Förster. „Aber zuerst holen wir Lenni ab. Bei dem habe ich auch schon angerufen, er kommt direkt zur Tierpraxis.“

„Wieso denn?“, bohrt Sina weiter. „Hat Tilly einen Notfall? Sollen wir ihr helfen? Oder behandelt sie einen Leguan? Sie wollte uns nämlich Bescheid geben, wenn mal wieder einer in die Praxis gebracht wird.“

Herr Förster schüttelt den Kopf. „Nein, nein, nein“, betont er.

„Alles falsch. Es geht um etwas wirklich Spannendes. Eure Freundin fährt zum Ort des Geschehens – und ihr dürft sie begleiten, also: zu dem Buddelmonster, das mir mein ganzes Abendessen verdorben hat.“

„Waaas?!“, schreien Max und Sina wie aus einem Mund. Doch ihr Vater beruhigt sie: „Keine Angst, es ist ungefährlich – zumindest für Kinder. Es wird auch nicht geschossen. Aber mehr verrate ich nicht.“

Mit diesen Worten parkt er vor der Tierpraxis ein und nickt Lenni zu, der auf dem Gehweg von einem Bein aufs andere hüpft. In diesem Moment kommt Tilly Tierlieb aus der Praxis. Sie sperrt die Tür ab und kommt, Lenni im Schlepptau, auf den Kombi zu. Sofort springen die Geschwister heraus.

„Schön, dass ihr alle drei gekommen seid", sagt Tilly mit ernstem Blick auf ihr Junior-Team. „Es geht direkt los. Wir fahren zum Tatort."
Als sie mit einem kurzen Gruß an Herrn Försters Wagen vorbeigeht und ihr eigenes Auto ansteuert, bleiben die drei wie angewurzelt stehen.

„Kommt schon“, ruft Tilly, „was ist denn los?“
Die drei sehen einander betreten an und schicken dann Hilfe suchende Blicke zu Herrn Förster. Der macht Anstalten, aus dem Auto zu steigen und etwas zu sagen. Doch dann beginnt er zu schmunzeln, schließt die Wagentür und dreht den Zündschlüssel um. Ehe das Trio richtig reagieren kann, fährt er los – mit breitem Grinsen im Gesicht.

Einer gegen alle?

„Spinnst du?“, schreit Maxi und versucht, dem Wagen nachzulaufen. „Du kannst uns doch jetzt nicht alleine lassen!“
Sina schluckt. Doch dann bemerkt sie Lennis Gesichtsausdruck. Der große Junge legt die Stirn in Falten. „Habt ihr das gesehen?“, fragt er, als Maxi nach einem Mini-Sprint zurückgekeucht kommt. „Das Grinsen, Mann! Euer Paps weiß genau, dass jetzt nichts Gefährliches kommt. Sonst würde er nicht wegfahren. Überlegt doch mal: Bei *dem* Grinsen kommt jetzt bestimmt der Witz in Dosen.“
„Logisch!“, ruft Maxi, dessen finsteres Gesicht sich sofort aufhellt. „Ich kenn doch meinen Paps! Oh Mann, oh Mann!“

Mit diesen Worten läuft er der Tierärztin hinterher, die bereits in ihrem Auto sitzt und wartet. Schnell steigen die drei ein und es geht los. Während der ganzen Fahrt schreien und fragen sie wild durcheinander, doch ihre große Freundin bleibt eisern. Sie presst die Lippen zusammen und schweigt. Nur ihr immer breiter werdendes Grinsen ist ziemlich vielsagend.

Endlich ist die Fahrt zu Ende. Vor einem Einfamilienhaus steigen sie aus.
„Dr. Mann hier“, sagt Tilly nach kurzem Klingeln in die Gegensprechanlage.
„Es ging leider nicht schneller, ich musste noch auf mein Junior-Team warten.“
Drei Minuten später marschiert das Team samt seiner Chefin hinter einem grauhaarigen Herrn durch den Flur und die Kellertreppe hinunter.

Der Mann sieht besorgt aus. „Danke, dass Sie heute noch gekommen sind“, sagt er zu der Tierärztin. „Ich hätte Sie schon früher anrufen müssen. Irgendwie wollte ich es selbst nicht wahrhaben. Die Tiere haben es doch gut bei mir – wieso sollte plötzlich einer durchdrehen?“

„Tiere!", zischt Max den beiden anderen zu. „Habt ihr das gehört? Tiiiiere!" Lenni nickt, doch Sina legt ihren Finger an die Lippen. Inzwischen geht das Gespräch weiter.

„Klingt auch wirklich kriminell, was Sie mir erzählt haben, Herr Grüneisen", sagt Tilly Tierlieb gerade. „Natürlich kennt man solche Fälle, aber nicht bei einem so erfahrenen Züchter …"

Mit diesen Worten betreten sie einen hellen, geräumigen Raum im Untergeschoss. An einer Wand stehen zwei selbst gezimmerte Käfige auf hölzernen Stelzen. So kommt der höhere der stufenähnlich angeordneten Ställe auf Augenhöhe für Erwachsene. Der andere Käfig ist etwas niedriger – gerade richtig für Kinder, die durch die sechseckigen Löcher im Maschendraht linsen wollen.

Das tun die drei auch: Unvorsichtig schnell sind sie ans Gitter gestürmt und beobachten nun fasziniert die Landschaft im Inneren der Käfige.

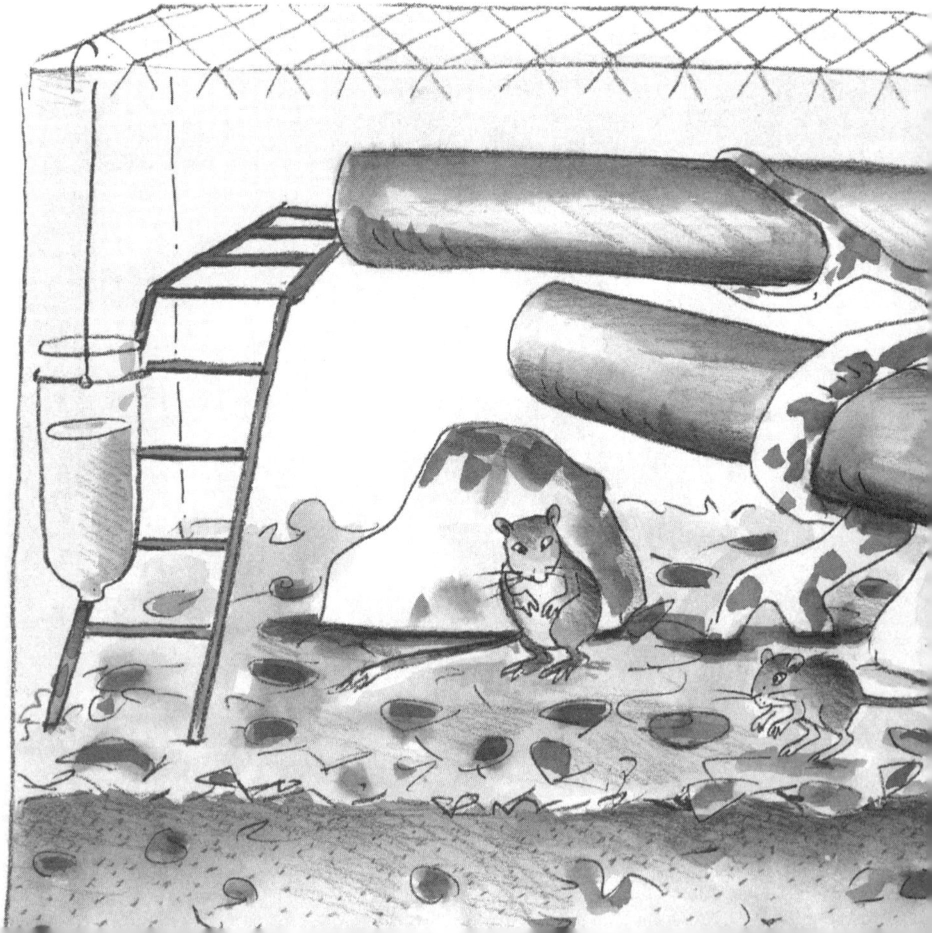

Auf einem Boden aus Holzspänen erhebt sich ein aus Ästen, Holzröhren und Latten gebautes Klettergerüst. Ein armlanges Stück Bambusrohr verbindet die zwei Käfig-Etagen, denn es führt wie eine Rutschröhre von dem oberen Stall bis kurz vor den Kletterbaum im unteren.

Soeben kommt mit leichten Kratzgeräuschen ein goldweißes Bündel aus dem Rohr geschlittert. Geschickt krallt es sich an der Rinde des Kletterbaums fest und krabbelt eilig den Stamm entlang nach unten.

Dort hocken und wuseln noch mehr der kleinen Gesellen herum. Alle haben lange, haarige Schwänzchen und große, dunkle Knopfaugen. Nur die Fellfarben sind ganz unterschiedlich – von silbergrau über nussbraun und goldweiß bis zu dunkelbraun. Einige haben eine helle Unterseite, andere tragen ein weißes Sternchen auf der Brust und die braungrauen sehen aus wie über und über mit dem Bleistift gestrichelt.

„Oooooh“, macht Maxi und Lenni strahlt. „Wie süß“, freut sich Sina, „sind *die* lieb!“

„Nicht immer“, sagt Herr Grüneisen. „Wenn ein Störenfried dabei ist, ist Schluss mit lieb. Und so einen Mini-Terroristen haben wir gerade. Er bringt alle anderen durcheinander. Deswegen habe ich ja Frau Dr. Mann verständigt.“

„Der Tunnelgangster!“, ruft Lenni.
„Rififi?“, fragt Max und grinst seine Schwester an.
„Der von der Röhrenrutsche?“, fragt Sina und zeigt auf den Goldpelz mit den Knopfaugen. „Ist er das? Was ist das überhaupt? Ein Langschwanzhamster?“

Fünf sind drei zu viel

„Von wegen!“, lacht der Mann. „Das ist eine waschechte Rennmaus-Zucht.“
Doch Tilly Tierlieb sagt: „Gut beobachtet, Sina! Die Rennmäuse sehen zwar ein bisschen aus wie unsere Feld- und Hausmäuse, aber sind eher mit anderen Nagetieren wie z. B. dem Hamster verwandt. Seht ihr den langen, pelzigen Schwanz? Mäuseschwänze sind dünner und außerdem nackt. Auch die Augen einer Rennmaus sind viel größer – und beim Verhalten unterscheiden sich die beiden ganz erheblich. Seht mal hier!“

Sie zeigt auf die obere Käfig-Etage. Dort macht gerade eine Rennmaus Männchen.

„Sieht aus wie ein Murmeltier“, findet Maxi und Tilly erklärt: „Das ist eine ganz typische Haltung für die Kleinen. Wie bei den Murmeltieren beobachtet ein Wächter die Umgebung und sitzt dabei aufgerichtet vor dem Tunnelsystem, in dem der Trupp wohnt. Rennmäuse buddeln nämlich viel lieber, als dass sie rennen.“
„Nur jetzt ist ein Renni dabei, der des Guten zu viel macht“, seufzt der Züchter. „Bei dem letzten Fünferwurf ist mindestens eines der Jungen verrückt. Es gräbt, dass die Späne nur so fliegen. Seht ihr ihn? Der Hellgraue dort hinten. Jetzt schreddert er schon wieder den Heuhaufen klein. Heute Morgen hat er sich von außen in das Häuschen gegraben, in dem die anderen vier schliefen. Die sind natürlich vor Schreck nach allen Richtungen davongesaust, das könnt ihr euch ja denken.“

„Hihi“, kichert Maxi und hält sich verschmitzt die Hand vor den Mund. „Das ist gut: Eine Buddelmaus muss den Rennmäusen das Rennen beibringen.“ Als er Tillys strengen Blick bemerkt, verstummt er. Die sagt in ernstem Ton zu Herrn Grüneisen: „Sie haben recht. Das ist wirklich kriminell. Offensichtlich haben die Tiere Riesenstress, weil mit den Jungen jetzt einfach zu viele im Stall sind. Da spielen sie leicht einmal verrückt. Ab morgen werden wir den Bestand reduzieren. Entfernen Sie fürs Erste bitte einfach die Einstreu, damit das nervöse Graben mal ein Ende hat. Hoffentlich beruhigt sich der Übeltäter dann wieder.“

Mit diesen Worten reicht sie dem verdutzten Züchter die Hand und wendet sich zum Gehen.

Auf der Heimfahrt erklärt Tilly den Kindern, dass Rennmäuse nichts lieber tun, als in ihrer mindestens 20 Zentimeter hohen Einstreu zu graben. „Wenn die Holzspäne mit Heu und Stroh versetzt sind, wird das Material schwerer, und die Höhlen fallen nicht zusammen. In so einem stabilen Tunnelsystem huschen die Rennis hin und her. Sie lieben das. Nur wenn sie allzu dicht aufeinanderhocken, werden sie verhaltensauffällig.“
„Wie Rififi?“, fragt Maxi und die Tierärztin lacht. „Zum Beispiel! Aber ich glaube, wir werden noch mehr Probleme finden, wenn wir morgen wieder nachsehen.“

Am nächsten Tag rasen die drei gleich nach der Schule zur Tierpraxis, wo die Tierärztin schon wartet. Sie hat einen Transportkäfig vorbereitet und bittet die Kinder mitzukommen. Erneut geht die Fahrt zum Rennmaus-Paradies.
Diesmal ist der Käfig kahl. Ohne Einstreu wirkt er zwar viel höher, aber auch weniger gemütlich. Erst jetzt fällt den Kindern auf, wie viele der lustigen Nager hier herumturnen, klettern und spielen.

Drei von ihnen fallen besonders ins Auge: Der Hellgraue hockt aufgerichtet auf den Hinterbeinen und benagt das Käfiggitter. Zwei andere rasen wie in einem Hochgeschwindigkeitskarussell rund um einen Gesteinsbrocken herum, der auf dem Käfigboden liegt. Einer davon scheint Sinas „Langschwanzhamster" zu sein.

„Spielen die Fangen?“, fragt Max und Sina meint: „Sieht aus, als wollten sie sich gegenseitig ins Schwänzchen beißen, aber weil keine von beiden stehen bleibt, schaffen sie das nie.“

Lenni dagegen sinniert: „Die haben bestimmt alle drei ein Problem. Ich kenne das von den Meerschweinchen. Wisst ihr nicht mehr, wie das bei Wuschels Familie war? Das waren auch zu viele auf einem Haufen – und das ist für die Tiere genauso schlecht, als wenn eines ganz alleine ist."

„Richtig!", lobt die Tierärztin, während sie mit Herrn Grüneisens Hilfe etwas von der alten Käfigstreu, die sich jetzt in einer Kiste türmt, in den mitgebrachten Käfig füllt. „Auch wenn im letzten Wurf insgesamt fünf Jungtiere waren, sind drei davon offensichtlich zu viel. Besser gesagt, wird es diesen dreien einfach zu viel in dem Gedrängel. Das Trio ist jedenfalls verhaltensgestört. Wir werden den Bestand trennen und versuchen, für die drei ausgesonderten Tiere einen neuen Besitzer zu finden. Fürs Erste kommen sie mal mit in die Praxis."

Schneller Umzug für die Rennis

„Wo ist denn Rififi?“, fragt Sina und erklärt dem Züchter: „Der durchgeknallte Tunnelgräber von gestern.“
„Na, du bist gut“, entgegnet der Mann. „Erkennst du ihn nicht? Das ist doch der Gitterbeißer hier – als er nichts mehr zum Graben hatte, hat er sich direkt aufs Drahtknabbern verlegt!“

„Ein Glück, dass wir hier keine Kleintierkäfige mit Plastikverkleidung an den Gitterstäben haben!“, sagt die Tierärztin erleichtert und hebt den verhinderten Tunnelgangster vorsichtig hoch. „Sonst hätte der Kleine hier sich schon ein Problem eingefangen. Weil sie fast alles kurz und klein knabbern, sind mit Plastik ummantelte Gitterstäbe eine echte Gefahr. An den Kunststoffteilen können sich die Rennis böse verschlucken – oder sie liegen ihnen im Magen und machen dort Beschwerden."

Während sie spricht, hat sie mit geschicktem Griff auch die zwei Kreiselmäuse eingefangen und zu ihrem Geschwisterchen gesetzt. „Drei ist die ideale Zahl für eine kleine Gruppe", bewertet sie die Aktion befriedigt. Zum Züchter sagt sie: „Sobald ich einen Interessenten für die Tiere habe, gebe ich Ihnen Bescheid."

Zurück in der Praxis, wird der Tragekäfig in einen Nebenraum gebracht. „Hierhin kommen keine Hunde, Katzen oder andere Patienten“, erklärt die Tierärztin. Wenn wir hier das Renni-Heim aufbauen, können die Kleinen sich in Ruhe an euch gewöhnen. Ihr helft mir doch bei der Pflege, oder?“
„Natürlich!“, rufen die drei im Chor und Lenni fügt hinzu: „Wir sind zu dritt, sie sind zu dritt – das passt genau.“
„Oh Mann, oh Mann, genau!“, freut sich Maxi. „Jeder kriegt eine zum Aufpassen. Mir gehört der Gangster!“
„Rififi?“, fragen Lenni und Sina zweifelnd, doch Maxi hat schon die nächste Antwort parat: „Quatsch“, kommentiert er aus tiefstem Herzen. „Der buddelt jetzt doch nicht mehr – und ein Gangster war er sowieso nie. Ab heute heißt er Riffel, ganz einfach!“

„Na gut“, erwidert Lenni, dann gehören die zwei, die sich gegenseitig nachgelaufen sind, eben Sina und mir. Sina, wie soll deine Flitzmaus heißen?“

„Speedy!“, sagt Sina nach kurzem Nachdenken und zeigt auf das beigefarbene Tierchen mit dem weißen Bauch. „Und der Graubraune hier?“
„Bruno“, entgegnet Lenni wie aus der Pistole geschossen. „Das passt zu ihm.“

Die Tierärztin lacht. „Na schön, nachdem wir nun alle Formalitäten geklärt haben, könnt ihr gleich anfangen, die neue Eigentumswohnung für Riffel, Speedy und Bruno vorzubereiten. Nachdem sie aus der Familienvilla ausgezogen sind, brauchen sie etwas Passendes.“

Mit diesen Worten hievt sie ein großes Terrarium aus dem Schrank. „Seht mal“, erklärt sie. „Das ist das perfekte Renni-Heim für Kleingruppen – es kann ja nicht jeder so eine Anlage haben wie Herr Grüneisen. Durch das Glas könnt ihr die Kleinen gut beobachten, und wenn sie mal kräftig graben, fliegt nicht gleich die ganze Einstreu durch die Käfigstäbe in die Wohnung.

Dann brauchen wir nur noch ein Holzhäuschen, ein paar Klettergeräte, ein Sandbad und eine Wasserschale – am besten erhöht, damit keine Späne hineinfliegen. Und dann …“ Sie macht eine Kunstpause. „Dann dürft ihr für Wildnisfeeling sorgen.“

In rennmausmäßiger Eile ist das Terrarium eingerichtet. In der Tierpraxis finden sich ausreichend Einzelteile zur Käfiggestaltung – vom Holzhäuschen über die Kuschelröhre bis zum Kletterbrocken. Auch eine Wasserschale ist schnell auf einen Ziegelstein gesetzt, an den eine Holzrampe gelehnt wird.

„Fehlt nur noch das Sandbad“, sagt Sina befriedigt und sieht die Tierärztin fragend an.

„Und die Wildnis?“, ruft ihr Bruder. „Du hast die Wildnis vergessen! Wie sollen wir die denn da reinzaubern?“

Lenni runzelt die Stirn. Dann fragt er: „Brauchen Rennmäuse keinen Futternapf?“
Tilly Tierlieb lacht. „Dreimal Treffer! Aber keine Sorge: Wir sind gleich fertig – und dann geht es mit den Kleinen hoffentlich wieder aufwärts.“

Speedy hat ein Problem

Kurz danach ist die neue Wildnis eingerichtet – zumindest fast, denn an der Wildheit der Wildnis wird noch gebastelt. Die anderen Punkte sind rasch abgearbeitet.

„Einen Futternapf brauchen sie nicht, sie fressen direkt von der Einstreu“, erklärt Tilly, „und für ihr Sandbad genügt eine große, flache Glasschale. Ihr müsst nur den richtigen Sand einfüllen. Bausand oder Vogelsand sind zu grob, die Körnchen würden das Fell verletzen, wenn die Rennis sich darin wälzen. Nehmt die Tüte mit Spezialsand, die ist aus der Zoohandlung. Und dann könnt ihr einen Hintergrund malen, der an die Heimat der Rennmäuse erinnert: die weiten Steppen der Mongolei. Das sind ausgedehnte Ebenen mit wenig Bewuchs. Wenn das Panoramabild fertig ist, lehnen wir es hinter die Längsseite. Das sieht schön aus, und die Rennmäuse fühlen sich geschützter, wenn man nicht von allen Seiten auf ihre Behausung zukommen kann."

Am nächsten Tag treffen sich die drei Freunde nach der Schule bei Lenni, um das Steppenpanorama fertig zu malen. Als sie das Landschaftsbild zur Tierpraxis bringen, ist ihre große Freundin begeistert. „Super!", sagt sie. „Vor diesem Hintergrund wird die Tierbeobachtung direkt zum Safari-Abenteuer!"

Sina, Max und Lenni können gar nicht genug bekommen von der Maus-Safari. Jeden Tag steht jetzt die „Rennmaus-Forschung“ auf ihrem Stundenplan – jeweils als letzte Stunde. Nach dem Unterricht geht es direkt aus der Schule in die Tierpraxis.

Schon am dritten Tag werden die kleinen Nager handzahm. Kein Wunder, denn jeden Tag denken sich die Tierfreunde Spiele aus. Lenni ist ein echter Experte im Bau von Abenteuergeräten. Nach dem Vorbild eines Meerschweinchen-Parcours baut er immer wieder neue Unterhaltungsmöglichkeiten für die drei Rennis. Einmal steckt er ein Küchenkrepprollen-Labyrinth zusammen und das nächste Mal pflanzt er einen Leckerspieß in die Röhrchen eines Ziegelsteins. So können Bruno, Speedy und Riffel

durch Tunnelsysteme laufen oder sich an einer Angelrute hochrecken, um das ganz oben aufgespießte Löwenzahnblatt zu schnappen.

Doch am vierten Tag ist alles anders. Als die Kinder mit dem Futter locken, kommen nur noch Bruno und Riffel gelaufen. Sina kann noch so verheißungsvoll „Lecker-li“ rufen oder singen – Speedy lässt sich nicht blicken. Endlich finden sie ihn in einer Papprröhre, wo er sich zusammenkauert und kaum bewegt.

„Was hat er denn?“, mault Maxi. „So ein oller Langweiler! Speedy, du hast deinen Namen nicht verdient! Du bist der Lahmste von allen – mit dir ist echt nichts los!“ Sina ist empört: „Sieh dir doch mal seine rote Nase an! Speedy ist krank! Wahrscheinlich hat er einen Schnupfen! Wir müssen ihn Tilly zeigen!“

Vorsichtig setzt sie Speedy in eine Müslischale, die sie mit der flachen Hand bedeckt. So kann der Kleine aus seiner

Mäusegondel nicht herausklettern, auch wenn er mal vorwitzig die Nase über den Tellerrand schiebt. Doch Speedy denkt gar nicht daran. Wie ein Häuflein Elend kringelt er sich in der Schale ein und schnieft.
„Klingt ziemlich traurig, würde ich sagen", meint Maxi mit Expertenblick. „Ich schätze, er vermisst seine Familie."
Die Tierärztin ist anderer Meinung. „Wir müssen die Einstreu wechseln", sagt sie und schneidet ein bedenkliches Gesicht. „Ich fürchte, wir haben es zu gut gemeint mit der Stabilisierung des Bodens."
„Du meinst, wir hätten das gehäckselte Stroh und die Heuballen nicht unter die Späne mischen dürfen?", fragt Sina. „Das brauchen sie doch, damit ihre Höhlen nicht einstürzen! Und Speedy buddelt mittlerweile noch lieber als Riffel."

„Nur heute nicht“, erinnert Lenni. „Erst wollte er gar nicht aus der Krepprolle raus und jetzt schnieft er nur.“

„Eben“, betont die Tierärztin. „Ich vermute, er hat eine Einstreu-Allergie. So etwas kommt öfter vor. Wir müssen das Terrarium leeren, feucht auswischen, trockenreiben und dann mit reiner Buchenholzeinstreu neu befüllen. Normalerweise müsste dann innerhalb von 24 Stunden eine Besserung eintreten. Andernfalls hat Speedy ein Problem.“

Ein Problem ist kein Problem …

Am nächsten Tag führt der erste Gang des neuen Rennmaus-Teams wieder ins Nebenzimmer der Tierpraxis.

Schon von Weitem sieht das Renni-Heim ziemlich belebt aus. Riffel reckt und streckt sich nach einem Apfelschnitz, der auf einer Miniplattform ruht: Eine Holzscheibe krönt ein Stöckchen und obenauf prunkt das leckere Teilchen.

Riffel muss sich gehörig anstrengen, um, auf den Hinterbeinen sitzend, mit der aufgeregt zuckenden Nase an das Apfelstück heranzukommen.

Bruno dagegen klimmt gerade einen armdicken Ast empor. Auch er ist auf der Pirsch nach einem Leckerschmecker. In diesem Fall ist es eine Karotte, die in einer Astgabel steckt.

Die Buchenholzspäne sehen ziemlich durchgepflügt aus. Hinter der Glasscheibe ist der Anfang eines Ganges zu sehen. Weiter hinten häufen sich die Holzspäne.

„Super!“, ruft Lenni. „Die Buchenspäne kommen anscheinend gut bei den Jungs an. Wo ist denn unser Buddel-Boss? Steckt er schon in einer neuen Höhle?“

Da entdeckt Sina ihren Schützling: Zusammengekauert hockt Speedy hinter dem Schlafhäuschen. Als sie das Häufchen Fell sehen, verstummen die Kinder. Vorsichtig schleichen sie heran.

Sina schafft es, Speedy so am Rücken zu kraulen, dass er das Köpfchen ein wenig hebt.

Alle sehen es, doch Sina spricht es aus: „Oh Gott! Seine Nase läuft, die Augen sind rot – die Allergie ist schlimmer geworden!“

„Von wegen“, murmelt Lenni und schüttelt den Kopf. „Weißt du noch, was Tilly gesagt hat? Wenn es ihm heute nicht besser geht, dann war es gar keine Allergie, sondern etwas anderes. Au weia, ich glaube, jetzt wird's wirklich schlimm.“

Wie verabredet stürmen die drei nach nebenan ins Sprechzimmer. Ihre große Freundin ist gerade dabei, eine Spritze aufzuziehen. Vor ihr liegt ein Welpe auf dem Behandlungstisch. Eine junge Frau hält ihn fest. Als sie den strengen Blick der Tierärztin bemerken, treten die drei Freunde jedoch ganz schnell den Rückzug an.

„Glück gehabt", flüstert Lenni. „Sie macht eine Impfung. Das geht schnell. Wahrscheinlich ist sie gleich bei uns."

Tatsächlich steht Tilly wenige Minuten später im Rennmaus-Zimmer. Mit einem Blick erfasst sie die Situation. „Oje!", lautet ihr knapper Kommentar.

Dass die nie um einen Rat verlegene Tierärztin so einsilbig ist, verstört ihr Junior-Team umso mehr. Lenni bekommt gleich feuchte Augen. Sina flüstert: „Hat Speedy jetzt ein echtes Problem?"
„Eines?", seufzt die Tierärztin. „Wahrscheinlich hat er einen ganzen Sack voll Probleme. Dabei sah er heute Morgen schon etwas erholt aus. Ich frage mich …"
Mit diesen Worten eilt sie zurück ins Sprechzimmer und drückt auf ein Knöpf-

chen ihrer Rufanlage. „Carola?“, fragt sie. „Kommen Sie bitte mal nach hinten – direkt ins Rennmaus-Zimmer?“
Verdutzt sehen die Kinder sich an.

Kurz darauf beginnt eine strenge Befragung. „Carola“, forscht die Tierärztin, „wann haben Sie sich heute mit den Rennmäusen beschäftigt – und in welcher Verfassung waren die Tiere zu diesem Zeitpunkt?“

Die sonst so ruhige und freundliche Empfangsdame wird ärgerlich. „Was heißt hier: *Wann* habe ich mich mit den Mäusen beschäftigt?!“, fragt sie zurück. „Fragen Sie mich lieber, *ob* ich mich mit ihnen beschäftigt habe! Das habe ich nämlich *nicht*. Ich sag's Ihnen ganz ehrlich, Frau Dr. Mann: Von allen Tieren auf der Welt sind mir Mäuse am wenigsten sympathisch.

Ich weiß, ich weiß – das sind gar keine echten Mäuse … trotzdem! Leguane: gerne. Geckos: kein Problem. Mini-Schweinchen: egal. Aber Mäuse? Also, ich bin heilfroh, dass die Kinder die Tiere versorgen. *Ich* möchte das nämlich nicht tun!“

Mit rotem Kopf steht die Tierarzthelferin vor ihrer Chefin. Jetzt schießen ihr sogar Tränen in die Augen. „Es tut mir leid“, sagt Carola mit erstickter Stimme. „Jetzt ist es raus: Ich *mag* einfach keine Mäuse!“

Tilly Tierlieb lächelt. „Kein Problem, Carola“, sagt sie und legt ihrer Mitarbeiterin die Hand auf die Schulter. „Sie sind eine wunderbare Mitarbeiterin. Bei der Arbeit ist mir noch nie aufgefallen, dass sie manche Tiere weniger gern mögen als andere. Das ist auch egal. Hauptsache, Sie helfen mir bei meiner Aufgabe. Und die ist: möglichst alle Tiere gesund zu erhalten oder gesund zu machen. Und heute ist einfach eine Rennmaus dran. Ich selbst habe heute Morgen nach Speedy geschaut und er wirkte viel munterer als gestern. Doch kaum ist ein halber Tag vergangen, geht es ihm schlechter als je zuvor. Ich wollte nur erfahren, ob Ihnen etwas aufgefallen ist, als Sie das Futter in den Käfig gelegt haben.“

Speedys letzte Chance

„Ich???“, wundert sich Carola. „Aber das war ich doch gar nicht. Maxi hat die Rennmäuse gefüttert!“

Alle drehen sich um und starren Maxi an. Der steht wie angewurzelt neben dem Rennmaus-Heim. Seine Hand liegt auf der Scheibe, gleich neben Speedy. Wortlos starrt der Junge durch die Scheibe. Als er spürt, wie alle Blicke sich auf ihn richten, sinkt sein Kopf noch tiefer.
„Maxi?“, fragt Tilly Tierlieb ungläubig und auch Lenni will es wissen: „Warst du wirklich hier? Wann soll das denn gewesen sein?“

Doch Maxi schweigt. Nur Sina, die ihren Bruder ganz genau kennt, weiß eine Antwort: „Ey, Max“, drängt sie mit strengem Ton. „Sag bloß, du hast uns betrogen! Wir wollten doch alle zusammen herkommen – wieso warst du schon früher hier? Wieso sagst du eigentlich nichts? Die ganze Zeit kriegst du den Mund nicht auf. Das ist echt verdächtig!“

Doch Maxi schweigt weiter.
Rund um seine Hand beschlägt die Rennmaus-Scheibe. Die Tierärztin geht zu ihrem kleinen Freund, fasst ihn um die Schultern und zieht ihn weg vom Rennmaus-Heim. Max versucht, Tillys Hände abzuschütteln. Dann sieht er Carola wütend an.

„Entschuldigung!“, sagt die Frau und hebt die Hände. „Ich wusste ja nicht, dass das ein Geheimnis war: Nach neun Uhr kam Maxi hier hereinspaziert und erzählte, er hätte überraschend eine Stunde frei. Da wäre er schnell die zwei Stationen mit dem Bus hierher gefahren, um den Rennmäusen etwas Gutes zu tun. Er hat mir sogar gezeigt, dass er einen Apfel und eine Karotte dabeihatte. Ich habe mich nicht wei-

ter um ihn gekümmert, weil Patienten da waren und weil der Junge sich hier auch alleine zurechtfindet. Sie kommen ja jeden Tag – nur eben normalerweise zu dritt."

„Verräter!", zischt Sina und Lenni murrt: „Das ist echt schwach von dir, Kumpel."

Jetzt bricht der Angeschuldigte sein Schweigen. „Oh Mann, oh Mann!", ruft er und seine Stimme überschlägt sich. „Ich kann doch auch mal was Tolles machen! Nicht immer nur die Großen! Ich weiß auch, was gut ist für eine

kranke Rennmaus: Äpfel und Karotten – also Vitamine! Deswegen habe ich mein Pausenbrot geopfert. Mama sagt doch immer, Karotten sind gut für die Augen und ‚One apple a day keeps the doctor away‘!“

Er wendet sich an die Tierärztin und erklärt: „Das ist Englisch. Es bedeutet, dass man jeden Tag einen Apfel essen muss, um den Arzt zu verscheuchen. Weil der Apfel einen gesund hält. Deswegen wollte ich Speedy was von meinem Apfel abgeben. Und Karotten, damit seine Augen nicht mehr so viel tränen. Aber er hatte keine Lust zu fressen. Da habe ich die Dinger so in den Käfig gelegt, dass wenigstens Bruno und Riffel Spaß dran haben und etwas für ihre Gesundheit tun können. Aber Speedy habe ich auch geholfen."

„Und wie?", fragt Tilly Tierlieb gespannt.

„Na, mit Frischluft!", erwidert Maxi ungehalten. „Jeder weiß, dass frische Luft gesund ist. Auch bei Erkältungen. Mama sagt das auch immer."

„Tja", macht Tilly und seufzt. „Was für Menschen gilt, trifft auf Rennmäuse leider gar nicht zu. Die reagieren extrem empfindlich auf Temperaturschwankungen und auf Zugluft. Wenn du Speedy ans offene Fenster gehalten hast, verstehe ich, warum er jetzt so schnieft. Für so ein kleines Tier ist jeder Schnupfen lebensgefährlich."

Maxi weiß gar nicht mehr, wohin er noch gucken soll. Überall starren ihm große Augen entgegen: mitleidige bei Carola, ernste bei Tilly Tierlieb, entsetzte bei Sina, schockierte bei Lenni.
„Mensch, Max", sagt der große Junge und schluckt. „Weißt du noch, wie ich Wuschel mit der Wärmelampe kurieren wollte und er einen Hitzschlag bekommen hat? Ich schätze mal, Rennmäuse sind genauso empfindlich wie Meerschweinchen. Gott sei Dank hat Tilly damals Wuschel das Leben gerettet. Hoffentlich hat Speedy auch noch eine Chance!"

Zwei quietschvergnügte Trios

„Na ja“, überlegt die Tierärztin. „Ich bin schon mal froh, dass wir wissen, woher Speedys laufende Nase diesmal kommt. Wenigstens müssen wir jetzt nicht mehr mit weiteren Varianten von Käfigeinstreu experimentieren. Das hat den Vorteil, dass wir die drei nicht noch mal dem Stress einer neu gestalteten Behausung aussetzen müssen. Es wird auch langsam ein bisschen viel mit all den provisorischen Lösungen, auf die sie sich einlassen müssen. Sie sollten endlich wieder in feste Hände kommen.“

„Nein!“, schreit Maxi auf. Plötzlich scheint er aus seiner Schreck- und Schamstarre erwacht. „Das war doch nur ein Versehen! Ehrlich, ich habe es doch gut gemeint! Deswegen musst du die drei doch nicht gleich weggeben!“

Auch Lenni und Sina sind betroffen, doch sie sagen nichts weiter. Nur die Sprechstundenhilfe kann sich einen Seufzer der Erleichterung nicht verkneifen.

Ihre Chefin lächelt. „Sie sind froh, wenn die Kleinen nicht mehr hier sind, stimmt's?“
„Na ja“, windet die Angesprochene sich, als hätte man sie ertappt. „Ehrlich gesagt, würde ich wirklich gerne mal wieder im Pausenraum sitzen, statt mein Mittagessen hinter dem Empfangstresen zu verdrücken …“
Mit einer entschuldigenden Geste sieht sie die Kinder an. „Sorry, aber ich habe

einfach keine Ruhe, wenn ich neben einer Maus sitzen soll."

„Sie wissen", schmunzelt die Tierärztin, „dass das keine richtigen Mäuse sind, Carola. Aber Sie brauchen sich nicht zu entschuldigen. Missbehagen bei manchen Tieren kommt einfach vor. Das muss man akzeptieren. Außerdem habe ich bei Ihrer Arbeit nie etwas in dieser Richtung bemerkt. Im Gegenteil: Ich weiß gar nicht, was ich dazu sagen soll, dass Sie Ihre Mittagspause ohne ein Wort der Klage an den Arbeitsplatz verlegen, weil im Pausenraum drei Rennmäuse logieren."

„Ist schon gut", winkt Carola ab. Das ganze Aufsehen scheint ihr peinlich zu sein. Mitleidig sehen Sina und Lenni sie an. Nur Maxi ist schon wieder ungeduldig.

„Und was wird mit Speedy?“, tönt er unüberhörbar. „Hat er noch eine Chance? Kannst du ihm helfen? Oder …“ Er stockt. „Oder ist es zu spät?“

Mit großen Augen sieht er Tilly Tierlieb an. Die nimmt Speedy auf ihre Hand und hebt ihn vorsichtig hoch. Dann betrachtet und befühlt sie den zusammengekauerten, verschnieften Patienten aufmerksam.

„Er ist kräftig“, murmelt sie dabei vor sich hin. „Er hat noch Reserven – selbst wenn er heute nichts mehr fressen sollte. Das hoffe ich aber, denn darauf zielt meine Behandlung. Ich denke, mit Antibiotika und ein paar ruhigen Tagen im Warmen kriegen wir Speedy wieder auf Trab.“
Lenni und Sina strahlen über das ganze Gesicht. Auch bei Max wandern die Mundwinkel langsam in Richtung Ohren. Da streicht ihm seine große Freundin übers Haar und tröstet: „Wir kriegen Speedy wieder hin, o. k.? Er hat eine Chance – und die werden wir nutzen. Versprochen!“

„Oh Mann, oh Mann“, stöhnt Maxi. Mehr fällt selbst ihm nicht ein. Doch die Erleichterung ist ihm deutlich anzumerken. Sina und Lenni nehmen ihn in ihre Mitte.

Mit Verschwörermiene knuffen sie Maxi in die Seite. „Hey du, alles klar?“, ermuntert Sina ihren kleinen Bruder. Lenni flüstert: „Siehst du, Tilly schafft das. Hab ich doch gleich gewusst!“

Maxi hört nur mit einem Ohr zu. Er drängt sich an die Tierärztin heran und fragt: „Hast du das ernst gemeint? Müssen die drei wirklich weg?“

„Ja und nein“, lautet die Antwort. „Ja, ich habe die Ankündigung ernst gemeint, aber sie *müssen* nicht, sie *dürfen*. Rennmäuse brauchen zwar keinen dauerhaften Kontakt zum Menschen, weil sie sich stundenlang selbst beschäftigen können, aber es wäre trotzdem besser, wenn sich jemand dauerhaft um sie kümmern könnte. An Schultagen klappt es zwar gut mit euch, aber was machen wir am Wochenende? Und in den nächsten Ferien?“

Während bei ihrem Junior-Team die Gesichtsausdrücke rennmausschnell wechseln – von Empörung über Nachdenklichkeit bis hin zur Ratlosigkeit –, spricht Tilly gleich weiter: „Ich habe schon jemanden im Auge. Erst gestern hat mich eine Frau angerufen, die seit Jahren Rennmäuse hält. Zwei ihrer Tiere sind an Altersschwäche gestorben. Das heißt, sie braucht Nachwuchs. Und wenn sie ein kleines Grüppchen bekommen kann – umso besser. Sie weiß, wie man fremde Tiere aneinander gewöhnt. Heute Nachmittag kommt sie vorbei, um sich unser Trio anzusehen.“
„Und Speedy?“, fragt ausgerechnet Carola besorgt. „Kann er denn den Umzug verkraften?“ Da lacht die Tierärztin leise auf.

„Der?“, sagt sie. „Der wird sich schnell erholen! Schließlich hat er gerade ganz klammheimlich meinen Daumen angeknabbert.“ Mit diesen Worten setzt sie Speedy ins Terrarium zurück.

Bruno und Riffel eilen herbei, um ihn zu beschnuppern. Da streckt sich der kränkelnde Mäuseheld ein wenig und schnüffelt vorsichtig in Richtung Bruno und danach in Richtung Riffel.

„Seht euch das an“, flüstert Tilly. „Er reagiert schon wieder. Ich glaube, er verdankt Maxi nicht nur eine saftige Erkältung. Anscheinend hat er Maxis Dickkopf gleich mit übernommen. Ich glaube, er will uns sagen: Jetzt erst recht!“
Bei diesen Worten vergisst Maxi, dass er sich in einem Tierkinder-Krankenzimmer befindet. „Ja!“, ruft er und stößt die Faust in die Luft. Danach tritt er ganz schnell auf der Stelle und juchzt.

Sina und Lenni tun es ihm gleich. Dann strecken sie sich die Arme mit erhobenen Händen entgegen und klatschen ab.
„Hip, hop, Tilly Tierlieb top!“, rufen sie dazu.

Tilly und Carola schmunzeln. Die Sprechstundenhilfe sagt: „Seid *ihr* die Rennmäuse oder die Kleinen hier?“

„Egal!“, ruft Maxi außer Puste. „Hauptsache, uns geht's genauso gut wie ihnen!“
„Und umgekehrt“, mahnt seine Schwester.

Lenni hat das letzte Wort. „Jedenfalls hast du ab sofort wieder zwei gut gelaunte Trios hier“, fasst er zusammen und blinzelt Tilly Tierlieb zu.

Tipp vom Tierarzt

1. Soll ich mir eine Rennmaus anschaffen?

Fast jeder, der schon mal vor einem Rennmaus-Käfig stand, ist begeistert von den flinken Tierchen. Manchmal genügt sogar ein Foto der kleinen Nager, um sich in sie zu verlieben. Rennmäuse sehen nicht nur putzig aus, die aufgeweckten Flitzer sind auch ziemlich pfiffig, und es macht großen Spaß, sie zu beobachten.

Aber Rennmäuse sind keine Kuscheltiere! Anders als zum Beispiel Zwergkaninchen kann man sie nicht auf dem Arm halten und ausgiebig mit ihnen schmusen. Sie würden gar nicht lange genug stillhalten – und das Kuscheln interessiert sie auch gar nicht. Viele andere Tiere werden einsam und krank, wenn man sich nicht ausreichend mit ihnen beschäftigt. Rennmäuse dagegen sind zufrieden, wenn sie einen sauberen Käfig haben, in dem sie ihre Abenteuerlust austoben können, und wenn sie das passende Futter bekommen. Über beide Themen kannst du weiter hinten mehr erfahren.

Beim Thema Rennmaus-Glück kommt aber gleich der zweite wichtige Punkt ins Spiel: Rennmäuse sind nur dann zufrieden, wenn sie unter ihresgleichen sind. Bei Meerschweinchen oder Kaninchen kannst du das Fehlen eines Artgenossen mit sehr viel Zuneigung noch irgendwie ausgleichen. Bei Rennmäusen ist das unmöglich. Egal wie viel Zeit du mit einer Rennmaus verbringst: Du kannst ihr niemals ihre Artgenossen ersetzen. Wer Rennmäuse wirklich liebt, wird deshalb nie ein einzelnes Tier halten.

Auch wenn es nicht immer einfach ist, sollte man versuchen, mindestens zwei Rennmäuse zusammenzubringen. Am besten wählt man zwei (oder auch drei) Jungtiere aus, die dann gemeinsam erwachsen werden. Sie müssen nicht unbedingt Geschwister sein, doch der gemeinsame Familiengeruch erleichtert das Zusammenleben zusätzlich. Das Geschlecht ist dabei egal. Renni-Brüder verstehen sich genauso gut untereinander wie Weibchen – wenn sie sich von klein auf kennen. Ausgewachsene Weibchen sind aber zänkischer als Männchen. In größeren Gruppen artet das leicht in Dauerstreit aus, aber wenn nur zwei Rennmaus-Weibchen zusammenleben, bleiben sie friedlich.

Allgemein beginnen meistens heftige Rangeleien, wenn man fremde Rennmäuse zum ersten Mal zusammenbringt. Besonders schlimm werden die Beißereien, wenn eine der Rennmäuse alteingesessen ist und eine neue dazukommt. Die erste wird sofort beginnen, ihren Käfig gegen den „Eindringling" zu verteidigen.
Deshalb sollten sich zwei fremde Rennmäuse immer auf neutralem Boden begegnen, zum Beispiel in einem neuen Käfig. Wenn du

noch einen alten Käfig übrig hast, musst du ihn erst gründlich reinigen, damit er nicht schon irgendwie „besetzt" riecht. Außerdem sollte der Käfig mehrere Verstecke haben, in denen die Tiere sich einzeln aufhalten können, ehe sie sich von nah beschnuppern. Die Höhlen und Häuschen müssen aber auf jeden Fall von außen zugänglich sein. So kannst du jederzeit eingreifen, wenn die Tiere in einem Unterschlupf zu kämpfen beginnen. In den ersten paar Stunden darfst du Rennmäuse, die sich erst aneinander gewöhnen sollen, deshalb auf keinen Fall unbeobachtet lassen.

Wenn du Spaß an Tierbeobachtungen hast, sind Rennmäuse vielleicht die idealen Tiere für dich. In einer anregenden Umgebung können sie sich stundenlang selbst beschäftigen. Ihnen dabei zuzusehen ist wirklich spannend.

Natürlich kann man Rennmäuse auch anfassen. Sie werden schnell zutraulich und kommen dann sogar auf die Hand. Beim Hoch-

heben musst du aber sehr vorsichtig sein, denn die Schwänzchen sind sehr empfindlich. Wenn man sie anpackt, glauben die Tierchen, ein Feind will sie fressen. Blitzschnell streifen sie dann die Haut ab und behalten ein fleischrotes Schwänzchen zurück, das meistens nach wenigen Tagen ganz abfällt.
Besser ist es, eine Rennmaus in einer großen Kaffeetasse wie in einem Aufzug nach oben zu heben. Wenn du die Tasse dabei so weit mit der Hand bedeckst, dass die Rennmaus zwar ihren Kopf herausstrecken, aber nicht über den Rand klettern und von dort herunterpurzeln kann, wird jedoch nichts schiefgehen.

Das Thema Fressfeinde ist für Rennmäuse überlebenswichtig. Katzen, Hunde und sogar Papageien sehen in Rennmäusen meistens nur ein Beutetier, auf das sie Jagd machen müssen. Selbst wenn sie vielleicht nur spielen wollen, kann so eine Hatz für die arme Rennmaus tödlich enden.

Auch ein einbruchsicherer Käfig garantiert Rennmäusen nicht unbedingt Ruhe vor Verfolgungen, denn eine Katze, die ständig durch die Scheibe starrt und sich überlegt, wie sie sich die leckeren Kleinen vielleicht doch noch herausangeln kann, ist natürlich kein beruhigender Anblick, wenn man selbst im Käfig sitzt.

Bei Hunden ist es manchmal noch schlimmer. Sie winseln dermaßen jagdlustig vor dem Käfig herum, dass die Rennmäuse richtiggehend panisch werden.

Aber auch mit Kleintieren gibt es Probleme. Da die Rennis ihr Revier mit vollem Einsatz verteidigen, betrachten sie zum Beispiel auch Meerschweinchen oder andere gleich große Tiere als Feinde, gegen die sie sich zur Wehr setzen müssen. Am besten bleiben Rennis deshalb unter sich.

Dass sie dabei trotz allem deine Hilfe brauchen, ist klar. Auch wenn sie sich selbst beschäftigen, musst du jeden Tag mindestens eine halbe Stunde für ihre Pflege einplanen. Dazu gehören das Bereitstellen von Futter und Wasser und die tägliche Käfigreinigung. Einmal im Monat steht Großreinemachen an. Das dauert dann entsprechend länger.

Auch Geld spielt eine Rolle bei der Entscheidung für eine Rennmaus. Du musst damit rechnen, dass das Futter etwa 10 Euro im Monat kostet. Wenn die Rennmaus krank wird, muss der Tierarzt bezahlt werden – das solltest du vorher mit deinen Eltern besprechen. Die müssen aber noch über eine andere Sache Bescheid wissen: Rennmäuse sind eigentlich Knabbermäuse oder vielmehr Knabbertiere.

Wenn sie im Zimmer herumlaufen, kann es schon mal passieren, dass sie Tisch- und Stuhlbeine benagen, Wandleisten besonders knusprig finden oder aber die Ecke eines dicken Buches „zum Fressen gern“ haben. Im Gegensatz zu „echten“ Mäusen haben Rennmäuse, die eigentlich eher mit dem Hamster als mit der Maus verwandt sind, aber einen riesengroßen Vorteil: Sie sind tagsüber aktiv und kommen nicht erst in der Dämmerung auf Touren. Deshalb ist nachmittags, wenn du deine Hausaufgaben gemacht hast, immer etwas geboten im Renni-Heim.

2. Wie sieht eine Rennmaus-Villa aus?

Obwohl es im Zoogeschäft eine Menge Gitterkäfige für Nagetiere gibt, sind diese für Rennmäuse alles andere als ideal. Rennis sind nämlich besonders eifrige Nager und knabbern alles an, was nicht niet- und nagelfest ist. In Gitterkäfigen besteht dabei große Verletzungsgefahr. Der Kunststoff, mit dem die Stäbe manchmal umwickelt sind, kann den Tieren schlimme Magenschmerzen bereiten. Die Kanten der Plastikwanne, auf der das Gitterteil aufsitzt, können absplittern und beim Verschlucken die Speiseröhre oder den Darm aufschneiden.

Am besten verwendet man ein Aquarium als Renni-Villa. Das hat gegenüber einem Gitterkäfig außerdem den Vorteil, dass auch die allerkleinste Baby-Rennmaus nicht ausbüxen kann.
Bei ihrer zweiten Lieblingsbeschäftigung neben dem Knabbern, dem Buddeln, Graben und Höhlenbauen fliegt auch nicht gleich die ganze Einstreu durchs Zimmer, wie das bei einem Gitterkäfig der Fall wäre.

Die Einstreu ist für Rennmäuse viel wichtiger als für andere Kleintiere, denn sie laufen nicht nur darauf hin und her, sondern graben sich tief in sie hinein. Mindestens 20 Zentimeter hoch sollte der Boden des Glasbeckens deshalb bedeckt sein, damit das zweckentfremdete Aquarium zum Buddelparadies für Rennis werden kann. Wenn du die Kleintiereinstreu aus der Zoohandlung mit Heu und Stroh vermischst, werden die Gänge noch stabiler.

Abwechslung ist wichtig für Rennmäuse.

Deshalb brauchen sie neben einem Schlafhäuschen aus unbehandeltem Holz oder Ton auch noch ein paar Spielgeräte. Laufräder sind allerdings nicht geeignet, da die Rennmäuse sich hier ihre langen Schwänze einklemmen könnten.

Besser sind selbst gebastelte Einrichtungsgegenstände, die die Rennmaus erkunden kann: ein Labyrinth aus

leeren Küchen-
krepp-Rollen,
ein Tunnel
aus einer
hohlen Kork-
eiche oder
eine Bogenbrücke aus Holzröllchen, die allerdings weder lackiert noch mit giftigem Klebstoff behandelt sein dürfen.

Zur Freizeitgestaltung gehört für Rennmäuse aber auch das regelmäßige Sandbad. Um ihnen diesen Spaß zu ermöglichen, brauchst du nichts weiter als eine flache Glasschale oder einen größeren Blumentopfuntersetzer aus Keramik und Chinchillasand aus der Tierfachhandlung.

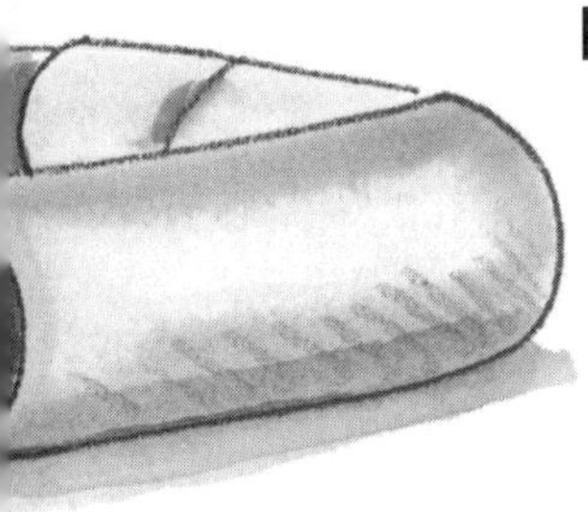

Ein Futternapf ist dagegen überflüssig. Das Futter kann einfach auf der Einstreu serviert werden – am besten über den ganzen Käfigboden verteilt, denn das

Einsammeln hält aufmerksam, beweglich und gesund.
Das Wasser kann aus einer Nippeltränke kommen oder einfach in einem Schälchen angeboten werden. Dieses sollte aber erhöht stehen, sodass es nicht von herumfliegenden Spänen verschmutzt werden kann, wenn gerade mal wieder großes Buddeln angesagt ist.

3. Was steht auf dem Speiseplan einer Rennmaus?

Die wichtigste Frage bei der Rennmaus-Fütterung ist nicht die Frage, *was* die Tiere fressen, sondern *wie viel* sie bekommen. In den Steppen der Mongolei, wo noch heute wilde Rennmäuse leben, ist das Nahrungsangebot nämlich nicht so reichhaltig, dass ein Renni es sich erlauben könnte, wählerisch zu sein. Große Portionen gibt es dort natürlich auch nie. Deshalb tust du deinen kleinen Freunden keinen Gefallen, wenn du ihnen zu viel auf einmal servierst und ihnen nur noch Leckerlis anbietest. Sie gehen dann schnell aus der Form, werden fett statt fit, hängen träge herum und werden sogar krank.

Weil sie so aktiv sind und bei der Bewegung viel Energie verbrauchen, haben die Kleinen aber schnell wieder Hunger. Bis zu achtmal kannst du sie tagsüber füttern. Achte dabei aber auf die Gesamtmenge. Das ist natürlich anstrengend und wird leicht unübersichtlich. Du kannst deshalb das Futter auf morgens und abends verteilen. Mehr als einen Esslöffel Trockenfutter pro Tag sollte eine erwachsene Rennmaus aber nicht bekommen.

Das Rennmaus-Futter kannst du fertig gemischt in der Zoohandlung kaufen oder aus Wellensittichfutter, Gras- und Kräutersamen, getrocknetem Gemüse, einer kleinen Handvoll ungespritzter Getreidekörner und einer Trockenkräutermischung selbst zusammenstellen.

Gänseblümchen und Kamillen, Schafgarbe, Brombeerblätter oder Brennnesseln kannst du kopfüber in ein gut durchlüftetes Zimmer hängen. Wenn die Kräuter getrocknet sind, hackst du sie mit einem Wiegemesser klein. Oder du lässt dir von deinen Eltern beim Kleinschnippeln helfen. Jemand, der viel kocht, kann meistens auch ganz toll Kräuter schneiden.

Trockengemüse kannst du entweder kaufen oder selbst herstellen. Dazu legst du Karotten, Rote Bete, Fenchel, Sellerie oder Kohlrabi scheibchenweise auf ein Backblech und schiebst dieses bei 50 Grad Celsius in einen Umluftherd. Gekühlt und in Streifen geschnitten ist Trockengemüse für Rennmäuse ein gesunder Leckerbissen.

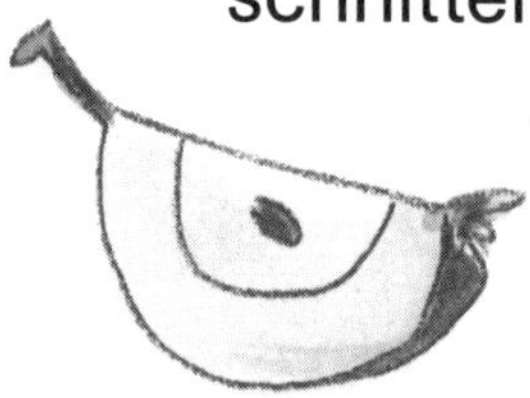

Neben dem täglichen Trockenfutter brauchen Rennmäuse aber auch Frischfutter: Äpfel, Birnen, Erdbeeren und Melonen, Kohlrabi, Kürbis, Sellerie, Paprika,

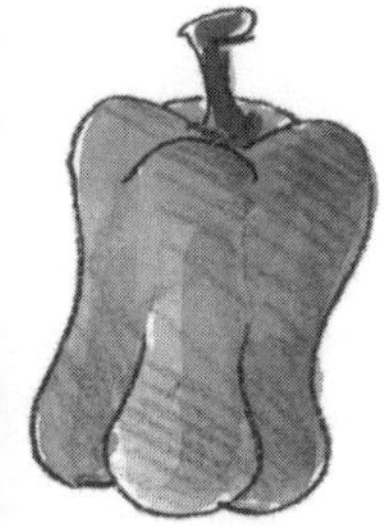

Rote Bete, Gurken oder Fenchelknollen – die Liste der Möglichkeiten ist lang. Auch Basilikumblätter, Gänseblümchen, Kamillen oder Löwenzahn, Petersilie und alle Formen von Salat sind geeignet – unter einer Bedingung: Alles muss gründlich gewaschen und wieder trocken getupft sein. Und es muss ungespritzt sein, sonst könnten die Tiere sich vergiften.

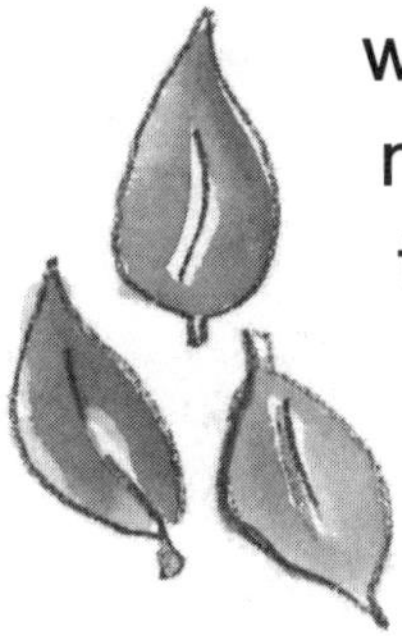

Wenn du die Kleinen verwöhnen willst, kannst du ihnen auch ein Stück Nuss, einen einzelnen Kürbis-, Sonnenblumen- oder Pinienkern geben, eine Rosine oder auch ein Stückchen getrockneten Apfel.

Allzu oft sollte das aber nicht passieren, weil der Zuckergehalt der Früchte genauso schädlich werden kann wie das in den Nüssen enthaltene Fett. Einmal pro Woche dürfen die Rennis sich aber über einen besonderen Leckerbissen hermachen. Wenn es ums

Knabbern geht, sind Zweige von Obstbäumen, Pappeln, Weiden oder Birken oder auch von Haselnusssträuchern aber tausendmal gesünder als Knabberstangen aus dem Tiergeschäft. Die enthalten nämlich jede Menge Zucker oder Honig und machen deshalb dick.

4. Was kann ich für die Gesundheit meiner Rennmaus tun?

Schon bei der Fütterung musst du ein paar Vorsichtsmaßnahmen beachten. Frischfutter wie Obst, Gemüse und Salat darf niemals direkt aus dem Kühlschrank kommen, sonst bekommt die Rennmaus Verdauungsprobleme. Ganz und gar unverdaulich oder sogar giftig sind rohe Kartoffeln, die Blätter von Kartoffel- und Tomatenstauden, grüne Stellen an Tomaten, Rhabarber, ungekochte Bohnen und Kernobst wie zum Beispiel Pfirsiche oder Pflaumen. Auch Mandeln sind für Rennmäuse giftig und können sehr schnell tödlich sein.

Und selbst wenn es dir noch so gut geschmeckt hat: von deinem eigenen Essen darfst du deinen Rennmäusen niemals etwas abgeben. Speisereste enthalten Öl, Pfeffer und Salz – das verträgt keine Rennmaus.
Unverträglich ist aber auch schimmeliges oder angegammeltes Frischfutter. Nicht verzehrte Reste musst du schleunigst aus dem Käfig entfernen, bevor sie schlecht werden. Achte auch darauf, dass die Nippeltränke nicht tropft, sonst wird es in dem Becken zu feucht, und die Tiere bekommen Probleme beim Atmen.

Zur Vorbeugung gehört außerdem die richtige Standortwahl für die Rennmaus-Villa. Der Platz, an dem der Käfig aufgebaut wird, sollte hell, ruhig und warm sein. Hitze und starke Sonneneinstrahlung können aber genauso gefährlich sein wie Zugluft, Kälte und Rauch. Auch Dampf und hohe Luftfeuchtigkeit verträgt keine Rennmaus auf Dauer. Deshalb sollte der Käfig weder in der Küche noch im Bad stehen. Umgekehrt wird es aber für den Menschen lästig, wenn Rennmäuse in einem Schlaf- oder Kinderzimmer untergebracht sind. Nachts können die Nagegeräusche nämlich ganz schön lästig werden.

Um die Tiere zu schonen, sollte in ihrem Zimmer außerdem weder geraucht noch laute Musik gehört werden. Dann noch ein abwechslungsreicher Speiseplan und eine Käfigeinrichtung, die Platz und Gelegenheit zum Wühlen, Klettern und Knabbern bietet – mehr brauchen Rennmäuse eigentlich nicht zum Glücklichsein.

Trotzdem können sie natürlich einmal krank werden. Dann ist es am besten, du bringst die Rennis zum Tierarzt, denn für so kleine Tiere kann fast jede Krankheit tödlich sein. Je früher du bemerkst, dass mit einer Rennmaus etwas „nicht stimmt“, desto besser. Achte deshalb besonders auf folgende Anzeichen: schweres Atmen, Niesen, tropfende Nase, rote oder verklebte Augen, langsame oder unsichere Bewegung, kahles, schmutziges oder struppiges Fell, Durchfall oder Kötelchen in einer anderen Farbe als normal. Auch weiße Zähne sind ein Alarmsignal, denn gesunde Rennmaus-Zähne sind gelb-orange.

Weitere Hinweise auf eine Krankheit kann das Verhalten einer Rennmaus geben. Wirkt sie besonders aggressiv oder aber lahm und reaktionsarm, ist das genauso alarmierend wie Appetitlosigkeit, ständiger Durst oder dauerndes Kratzen.
Ständiges Jucken deutet meistens auf Milben oder andere Parasiten hin, die oftmals mit dem Heu eingeschleppt werden. Sollte das Kratzen und Fellsträuben mehr als einen Tag anhalten, muss die Rennmaus zum Tierarzt.

Noch schlimmer ist eine typische Rennmaus-Krankheit, die aber nur ausbrechen kann, wenn das Tier sehr viel Stress hat oder sich bei einem Artgenossen ansteckt. Die sogenannte Tyzzersche Krankheit beginnt mit Durchfall und Reaktionslosigkeit. Das Tier will nichts mehr fressen und kann innerhalb von 48 Stunden sterben, wenn es keine Antibiotika bekommt.

Auch Durchfall kann ansteckend sein. Meist wird er aber durch verdorbenes Futter, zu viel Frischfutter oder eine Erkältung verursacht. Falls die Krankheit ansteckend ist, müssen aber alle Käfigbewohner behandelt werden.

Sogar eine Erkältung kann für eine Rennmaus zum tödlichen Risiko werden. Egal was die Ursache der Erkältung ist – Zugluft, schnelle Wechsel zwischen warm und kalt, feuchte Einstreu oder einfach Stress und Kummer –, aus einer Erkältung kann jederzeit eine Lungenentzündung werden, und die wäre im schlimmsten Fall tödlich. Deshalb musst du alles tun, um das Erkältungsrisiko gering zu halten.
Dazu gehört auch, dass du Abstand von deinen Rennmäusen hältst, wenn du selbst einen Schnupfen, Husten oder eitrige Mandeln hast. Vor allem wenn du erkältet bist,

musst du dir immer erst die Hände waschen, ehe du in den Rennmaus-Käfig greifst oder eine Rennmaus anfasst.

Muss die Rennmaus einmal zum Tierarzt, dann melde dich vorher dort an, damit das kranke Tier nicht länger als unbedingt nötig im Transportkäfig hocken und warten muss. Unterwegs muss der Käfig vor Wind und Wetter geschützt werden, sonst wird das Tier noch kränker, als es sowieso schon ist. Zeit sparen kannst du auch, wenn du schon am Telefon nachfragst, ob du Kotproben mitbringen sollst. Außerdem solltest du dich darauf vorbereiten, dem Tierarzt oder der Tierärztin folgende Fragen zu beantworten: Wie alt ist das Tier? Wie lange hast du es schon? Mit wie vielen anderen lebt es zusammen? War es schon einmal krank? Bekommt es Medikamente? Und: Seit wann hast du den Verdacht, dass es krank ist?

5. Wie kann ich meine Rennmäuse vor Unfällen schützen?

In ihrem eigenen Heim kann einer Rennmaus eigentlich nur eine Sache passieren: dass sie eine nicht ausreichend befestigte Holzkonstruktion derart untergräbt, dass das ganze Gebilde einstürzt und dabei die Rennmaus verletzt. Schon deshalb solltest du besonderen Wert darauf legen, dass der Rennmaus-Käfig eine gute Ausstattung hat.

Viel größer sind die Gefahren allerdings außerhalb des Käfigs. Türen und Fenster können die Tiere einquetschen, Kakteen können sie stechen, Stromkabel ihnen beim Knabbern einen elektrischen Schlag versetzen. An heißen Töpfen, Herdplatten oder Kerzen können die Tiere sich verbrennen. In Schubladen können sie ersticken, in Vasen oder Eimern, in die sie versehentlich geplumpst sind, können sie sogar verhungern, wenn sie nicht rechtzeitig gefunden werden.

Hat man allerdings einen Ausreißer irgendwo im Zimmer verloren und möchte ihn gerne in den sicheren Käfig zurückbringen, kann ein Eimer sehr hilfreich sein. Man muss ihn nur mit etwas Einstreu oder Heu füllen und Futter hineinlegen. Dann lehnt man ein Stück Holz so an die Eimerkante, dass sich eine Rampe bildet. Spätestens im Lauf der Nacht kommt die Rennmaus aus ihrem Versteck hervor und läuft die Rampe hoch. Oben angelangt, fällt sie dann in den Eimer und du kannst sie problemlos abtransportieren.

Versteckt sich eine Rennmaus in irgendeiner Ritze, hält man eine Papprolle vor den Ausgang, wie sie für den Versand von Postern benutzt wird.

Nach einiger Zeit spaziert die Rennmaus garantiert aus ihrem Loch heraus und schlüpft geradewegs in die Papprolle. Wenn du diese an den Enden verschließt, kannst du den Ausreißer bequem zu seinem Käfig zurücktragen. Insgesamt ist es aber am besten, er bleibt dort und tobt sich darin auf seinem privaten Abenteuerspielplatz aus.

6. Welche Spiele mag eine Rennmaus?

Typisch Renni! Irgendwie dreht sich bei den cleveren Kleinen immer alles um zwei Dinge: Buddeln und Knabbern. Am liebsten haben Rennmäuse beides kombiniert, dann ist der Spaß doppelt so groß. Fütterung und Fitnesstraining lassen sich dabei wunderbar verbinden.

Du kannst zum Beispiel einen Leckerbissen in einer langen Papprolle verstecken und den Eingang zu diesem verlockenden „Tunnel" zusätzlich mit Heubüscheln verstopfen. Dann darf dein

kleiner Freund erst buddeln, dann krabbeln und zur Belohnung knuspern. Genauso gern durchwühlt er eine Schale voller Sägespäne oder altem Laub – besonders wenn darunter ein Apfelschnitz oder eine halbe Nuss versteckt ist.

Ganz besonders spannend werden Pfadfinder- und Erkundungsspiele, wenn du die Käfigeinrichtung änderst oder ergänzt. Dazu setzt du die Rennmaus zusammen mit einem Teil ihrer gewohnten Käfigstreu in einen kleinen Transportkäfig und baust dann ihre normale Wohnung um. Wenn sie in ihren Käfig zurückkommt, kann die Rennmaus sofort beginnen, die veränderte Umgebung zu erforschen.

Weil Rennis nicht nur neugierig, sondern auch meistens hungrig sind, kannst du ihnen auch ein paar kleine Tricks beibringen.

Wenn du immer dasselbe Wort rufst, ehe es Futter gibt, folgen die Tiere bald aufs Wort und lassen sich problemlos anlocken.
Und weil sie Futter so verlockend finden, sind sie auch bereit, auf dem Weg dorthin allerlei Hindernisse zu überwinden.
Auf der Suche nach Nahrung klettern Rennmäuse über Brücken, Steine oder Rampen. Sie durchqueren Holzringe oder wuseln über deine Hand hinweg, wenn sich dahinter etwas Essbares befindet. So kann man sie zum Beispiel dazu bewegen, durch einen Ring zu schlüpfen, den man mit den Fingern einer Hand formt.

Allerdings sind die kleinen Renner genauso wenig dressurwütig, wie sie schmusesüchtig sind. Eine Zirkusmaus wird dein Renni also niemals werden. Dafür bieten Rennmäuse eine andere Art der Unterhaltung: Wenn du sie längere Zeit beobachtest, wirst du in ihrem Verhalten viel Interessantes entdecken. So wirst du schnell herausfinden, welcher Renni wann und wie lange aktiv ist

oder wann er lieber döst, anstatt herumzuturnen und die Welt zu erkunden.
Wenn sämtliche Renni-Freunde zur gleichen Zeit ihre Unternehmungen starten, gibt es auch mal Rangeleien zu sehen. Und wenn zwei Rennis sich streiten, tun sie das im Stehen. Wie kleine Boxer trommeln sie dann mit den Vorderpfötchen aufeinander ein.

Wenn eine Rennmaus „Männchen“ macht, heißt das noch lange nicht, dass sie Streit sucht. Im Gegenteil: Wie in der Wildnis sichern die kleinen Nager sich so gegen möglicherweise herumschleichende Fressfeinde ab. Im Stand haben sie einfach den besseren Überblick.
Erkennen sie tatsächlich eine Gefahr, trommeln sie heftig mit den Hinterbeinen auf den Boden. Das ist ein Alarmsignal für den Rest der Gruppe. Andere Teile der Rennmaus-Sprache wirst du kaum zu hören bekommen, denn die meisten Pfeif- und Fiep-Töne der Kleinen sind so hoch, dass das menschliche Ohr sie nicht mehr wahrnimmt.

Fürs Auge bieten Rennis dagegen die Sprache der Freundschaft und die kommt auch ohne Worte aus. Wenn zwei Renni-Bekannte sich gegenseitig das Fell putzen, ist klar, dass sie sich gut leiden können.
Wenn sie dagegen ihre Näschen zusammenstecken, sieht das zwar aus wie ein Kuss, doch in Wahrheit beschnuppern sich die beiden gegenseitig. So stellen sie immer wieder fest, dass der jeweils andere zur selben Gruppe gehört.
Und wenn zwei sich besonders gut riechen können, werden sie bald unzertrennlich.

Oft tut sich ein frecher mit einem sanfteren Renni zusammen. Sie spielen zusammen und fressen Seite an Seite. Wenn du den Käfig auf eine Kommode stellst, kannst du die große Welt der kleinen Tiere aus nächster Nähe beobachten. Und das wird garantiert niemals langweilig.

TIPP VOM TIERARZT

Geprüft von der Tierärztlichen Klinik
Dr. Eichhorn & Dr. Faulstroh,
Frankfurt am Main

Geschichten erzählen war für **Margot Scheffold** schon immer das Größte. Sobald sie schreiben konnte, bastelte sie ihrer jüngeren Schwester Bücher. Oft ging es darin um Tiere, denn davon gab es im und ums Forsthaus jede Menge. In Haus und Garten, im Wald und beim Bauern. Im Lauf der Zeit kam so ein ganzer Zoo zusammen. Bald waren die Geschwister Expertinnen für Hasen und Katzen, Hunde und Ponys, Igel und Vögel. Dabei sammelten sie auch jede Menge Erfahrungen beim Tierarzt. Heute lebt Margot Scheffold als Journalistin und Kinderbuchautorin in Luxemburg.

Dorothea Tust ist in Langenberg im Rheinland geboren und hat in Wuppertal Grafikdesign studiert. Seit ihrem Studium arbeitet sie als freie Illustratorin und hat bislang zahlreiche Kinderbücher und viele, viele Geschichten für die Sendung mit der Maus gezeichnet. Sie lebt in Köln.

Was ist nur los mit Pony Rocky?

In der Nähe eines Ausflugslokals entdecken die Tiernarren Sina, Max und Lenni ein grauweißes Pony.
Sina lernt gerade reiten und ist begeistert. Max auch – bis Lenni erzählt, dass das Pony Probleme macht.

Mit Tipps vom Tierarzt

Margot Scheffold /
Dorothea Tust
Tierärztin Tilly Tierlieb
Band 2: Pony Rocky

128 S., s/w illustriert
ISBN 978-3-8339-3602-9
€ 8,90 (D)/€ 9,20 (A)/ sFr 16,50

Empfohlen ab 7 Jahren

Sina

liebt Pferde über alles. Sie hat ihr Zimmer mit Pferdepostern geschmückt und träumt von einem eigenen Pony. Außerdem schwärmt sie heimlich für Lenni.

Max

Maxi, Mini-Max, 6 Jahre alt. Für Sinas kleinen Bruder steht fest: Ein richtiger Mann braucht einen Hund! Oh Mann, oh Mann – ist das so schwer zu verstehen!

Lenni

wohnt mit seiner Mutter und Zwergkaninchen „Hops“ in einer Stadtwohnung. Er kennt sich mit Tieren aus und ist einfach cool. Deswegen ist er Maxis großes Vorbild.